Alexander Sprick

Richtig online bewerben

Mit kostenlosen Tools zur überzeugenden Online-Bewerbung

Anaximander

Erstauflage, Oktober 2014

Herausgeber:

Alexander Sprick, Dipl.-Kfm.

Alte Kasseler Str. 23, D-31737 Rinteln

Telefon: 05754/926149 – Telefax: 0511/5152140105

E-Mail: mail@alexander-sprick.de

Redaktionelle Verarbeitung und Publizierung:

Anaximander Verlag, Rinteln

ISBN-13: 978-1502825407

ISBN-10: 1502825406

Herstellung und Druck:

Siehe Eindruck auf der letzten Seite

Bibliografische Information der Deutschen Nationalbibliothek:

Die Deutsche Nationalbibliothek verzeichnet diese Publikation in der Deutschen Nationalbibliografie; detaillierte bibliografische Daten sind im Internet über http://dnb.d-nb.de abrufbar.

Inhalt

Bei der Erstellung dieses Buches wurde mit größter Sorgfalt vorgegangen. Trotzdem lassen sich Fehler nie vollständig ausschließen. Verlag und Autor können für fehlerhafte Angaben und deren Folgen weder eine juristische Verantwortung noch irgendeine Haftung übernehmen.

Aus Gründen der besseren Lesbarkeit wird bei geschlechtsspezifischen Begriffen die maskuline Form verwendet. Die Verwendung dieser Form versteht sich explizit als geschlechtsneutral. Gemeint sind selbstverständlich immer beide Geschlechter.

1. Vorwort

Online-Bewerbungen sind bei vielen Unternehmen zum Standard im Bewerbungsablauf geworden.

Dabei wird im Regelfall zwischen einer **Bewerbung per E-Mail** und einer **Online-Bewerbungsmaske** auf der Website des Unternehmens (bzw. über ein Formular im Browser) unterschieden.

Da der erste Eindruck des Bewerbers bzw. der Bewerberin vom Erscheinungsbild der eingereichten Unterlagen geprägt wird, sind bei der Online-Bewerbung – analog der Erstellung einer schriftlichen Bewerbungsmappe – bestimmte Formalia und Standards einzuhalten.

Als Personalberater ist mir natürlich bewusst, dass die äußere Form der Bewerbung in Relation zur ausgeschriebenen Position beurteilt werden sollte. So erwarte ich beispielsweise von einem Leiter Rechnungswesen „mehr" als von einem Mitarbeiter, der sich auf eine Position in der Produktion bewirbt. Nichtsdestotrotz erhoffe ich mir auch von dem Produktionsmitarbeiter, dass er – mit seinen Mitteln – eine aussagefähige und gepflegte Bewerbung erstellt.

Im Rahmen dieses Buches wird Ihnen Schritt für Schritt gezeigt, wie Sie eine überzeugende elektronische Bewerbung erstellen und dabei technische „Fallen“ umschiffen.

Wichtig ist mir, dass Sie Software-Tools einsetzen, die einerseits kostenlos sind und die es Ihnen andererseits ermöglichen, rasch und unkompliziert Ihr Ziel zu erreichen.

Des Weiteren werden Ihnen zahlreiche Tipps, „Basics“, Links zu Mustern und Vorlagen sowie „No-Gos“ im Rahmen Ihrer Bewerbung vorgestellt. Dabei haben die Tipps einen hohen Praxisbezug, da ich – als Personalberater – schon etliche Fehler gesehen habe. So war bspw. die Angabe einer veralteten Mobiltelefon-Nummer noch eines der kleineren Übel…

Die Erläuterung von Neuerungen rund um diesen Themenkomplex rundet das Buch ab.

Im nächsten Abschnitt habe ich Ihnen die benötigte Software zusammengestellt, die Sie zum Erstellen Ihrer Bewerbung benötigen. Zum Download habe ich Ihnen Links seriöser Anbieter (z.B. Computer-Fachzeitschriften) angegeben, unter denen Sie sich die Tools kosten- und virenfrei herunterladen können. Die eigentliche Installation von Software soll hier nicht beschrieben werden, da ich diese Kenntnisse voraussetze.

2. Benötigte Software

Sie benötigen im Rahmen unserer Schritt-für Schritt-Vorgehensweise die folgende Software:

„WinScan2PDF“ (Freeware)

http://www.computerbild.de/download/WinScan2PDF-5817145.html

Mit dieser Software werden Zeugnisse über den Scanner eingescannt und im PDF-Format gespeichert. Durch diese Vorgehensweise entfällt der Zwischenschritt der Speicherung als Bilddatei.

„PDF-Binder“ (Freie Software: GNU GPL v3-Lizenz)

https://code.google.com/p/pdfbinder/downloads/list

Mit dieser Software werden mehrere PDF-Dateien sortiert und zu einer einzigen Datei zusammengefügt. Diese Software ist dem PDF Creator vorzuziehen, da sie simpel ist.

„Word“ und/oder „Excel“ ab Office-Version 2007 Service Pack 2 (Kauf-Software)

Mit dieser Software werden Anschreiben, Lebenslauf und ggf. Deckblatt erstellt und gleich im PDF-Format abgespeichert.

alternativ:

OpenOffice (Freeware)

http://www.chip.de/downloads/OpenOffice_13004346.html

Mit OpenOffice werden Anschreiben, Lebenslauf und ggf. Deckblatt erstellt und gleich im PDF-Format abgespeichert. Das Programm stellt eine Alternative dar, falls Microsoft Office bzw. „Word“ und/oder „Excel“ nicht verfügbar ist.

alternativ:

LibreOffice (Freeware)

http://www.chip.de/downloads/LibreOffice_44924284.html

Aus OpenOffice ist eine Office-Suite namens LibreOffice hervorgegangen, die derzeit im Funktionsumfang OpenOffice noch recht ähnlich ist.

Mit LibreOffice werden Anschreiben, Lebenslauf und ggf. Deckblatt erstellt und gleich im PDF-Format abgespeichert. Das Programm stellt eine Alternative dar, falls Microsoft Office bzw. „Word“ und/oder „Excel“ nicht verfügbar ist.

„PDF Creator“ (Freeware)

http://www.chip.de/downloads/PDFCreator_13009777.html

Diese Software dient bei Bedarf dazu, große PDF-Dateien zu verkleinern („komprimieren“).

„BeCyPDFMetaEdit“ (Freeware)

http://www.computerbild.de/download/BeCyPDFMetaEdit-5538014.html

Mit dieser Software werden die Dateieigenschaften und unnötige oder verräterische Informationen aus den PDF-Dateien entfernt.

3. Einführung

Im Zeitalter der Digitalisierung hat die Online-Bewerbung zunehmend Einzug in die Personaletagen der Unternehmen gehalten. Die meisten Stellenanzeigen fordern heute sogar nur noch Bewerbungen auf elektronischem Wege.

Dabei wird zwischen der Online-Bewerbung in Form

- einer E-Mail
- eines Online-Bewerbungsformulars

unterschieden.

Vorteil: Der Bewerbungsprozess wird sowohl für Bewerber als auch für die Personaler vereinfacht und beschleunigt.

Beide Seiten sparen Zeit und Porto- bzw. Kopierkosten. Die Bewerbung erreicht innerhalb von wenigen Augenblicken das Unternehmen.

Bewerber erhalten in der Regel ein sehr schnelles Feedback in Form einer (automatisierten)

Eingangsbestätigung und das Unternehmen kann die Daten ohne großen Aufwand intern weiterleiten und versenden – bspw. von der Personalabteilung zur jeweiligen Fachabteilung, Geschäftsführung etc.

Durch eine Bewerbung über das Internet demonstriert der Bewerber bzw. die Bewerberin seine/ihre Kompetenz im Bereich moderner Kommunikationstechnologien (und nebenbei Anwendungskenntnisse der jeweiligen Office-Software).

Für Bewerber gilt als oberste Maxime: Bitte machen Sie dem Empfänger das Bearbeiten Ihrer Bewerbung so einfach wie möglich. Versuchen Sie sich also in die Rolle der Personen zu versetzen, die Ihre Online-Bewerbungsunterlagen sichten und „studieren“. Und fragen Sie sich: Wie können Sie diesen Personen ihre Arbeit erleichtern?

Vorab gleich die ersten Tipps zur E-Mail-Bewerbung:

- In der Betreffzeile geben Sie bitte an, wo Sie die Anzeige gelesen haben, z.B. „Bewerbung als ... – Ihre Stellenanzeige vom ... – Referenz xxx“.

Zur Erklärung: Oft finden Sie – gerade in größeren Unternehmen – in der Stellenausschreibung eine Referenznummer, die Sie bitte hier übernehmen.

- In der E-Mail selbst geben Sie bitte Ihre Kontaktdaten an. Ich würde diese unter den Gruß- und Namensfeldern – quasi als „Signatur“ – einfügen. Bitte geben Sie Ihre vollständige Anschrift, Telefon, Mobiltelefon und E-Mail-Adresse an. Stellen Sie auch sicher, dass es sich um Ihre aktuelle mobile Nummer handelt („Handywechsel“) und tragen Sie in den Tagen nach der Absendung der Bewerbung dafür Sorge, dass Sie auch tatsächlich erreichbar sind und der Akku regelmäßig geladen wird.

- Einer E-Mail-Bewerbung sollten auch nicht bis zu 17 Anhänge beigefügt werden – wie ich sie leider bereits erhalten habe. Grundsätzlich gilt: Je weniger Anhänge, desto besser: Idealerweise sollte Ihre E-Mail-

Bewerbung nur aus einem einzigen Anhang bestehen. Dies gilt insbesondere für Hochschul-Absolventen. Die von mir vertretenen Unternehmen akzeptieren normalerweise bis zu maximal drei Anlagen bzw. Anhänge. Eine pragmatische Lösung scheint mir darin zu bestehen, alle Zeugnisse in einer PDF-Datei zusammenzufassen, den Lebenslauf in einer weiteren und das Anschreiben in einer dritten Datei. Dadurch kann der Bewerber bzw. die Bewerberin die Zeugnisdatei einmalig erstellen und danach ständig „wiederverwenden". Auch der Lebenslauf kann so für mehrere Bewerbungen Verwendung finden. Lediglich das Anschreiben muss bei jeder Bewerbung neu verfasst werden.

- Anhänge versenden Sie bitte nur im PDF-Format und nicht als Word- oder gar JPEG-Dateien. Als Dateiformat für den E-Mail-Anhang sind PDF-Dateien deshalb die ideale Wahl, da die Dateien im Normalfall beim Personaler so ankommen (und ausschauen), wie man(n)/frau sie losgeschickt hat. ZIP-Dateien sollten ebenfalls vermieden werden, da derzeit viele Schädlinge in ZIP-Dateien „versteckt“ werden und manche Unternehmen dieses Format nicht mehr erlauben. So werden ZIP-Dateien oft automatisch von den Unternehmens-Firewalls blockiert und kommen gar nicht in der Personalabteilung an bzw. können – falls sie dann doch ankommen – zum Teil nicht von allen Bearbeitern geöffnet werden. Passbilder bitte nicht als einzelne Datei der E-Mail anhängen und auf einen aussagekräftigen Dateinamen des Anhangs achten, z.B. „Max_Mustermann_Lebenslauf.pdf“. Insbesondere sollte der Bewerbername bei den Bezeichnungen eingefügt werden.

- Komprimieren Sie die Dateianhänge soweit wie möglich. Die Gesamtgröße einer E-Mail-Bewerbung sollte 5 Megabyte nicht überschreiten.

- Bewerber sollten keine E-Mail-Lesebestätigung anfordern. Letzteres „nervt“ den Personaler, da es vergleichbar mit einem Einschreiben bei der Briefpost ist.

4. Vor der Bewerbung: Das gründliche Lesen der Stellenanzeige/ -ausschreibung

Aufgrund meiner Erfahrungen mit inzwischen weit mehr als 1.000 eingegangenen Bewerbungen möchte ich Ihnen vorab einen – wie ich finde – entscheidenden Tipp für Ihre Bewerbung geben:

Lesen Sie bitte unbedingt die Stellenanzeige gründlich! Eine Stellenanzeige besteht immer aus zwei wichtigen Bausteinen:

- Aufgabenbeschreibung für die Stelle,
- Anforderungen an den Bewerber.

Wichtig für Ihr späteres Anschreiben: Berücksichtigen Sie bitte immer beide Bausteine.

Hintergrund: Bevor eine Stellenanzeige geschaltet wird, definieren Unternehmen oder deren Personalberater ein Anforderungsprofil an eine Stelle (oft auch eine Stellenbeschreibung). Darin wird festgelegt,

- welche Aufgaben anfallen,

- welche Befugnisse/ Kompetenzen erteilt werden,
- mit welchen Mitarbeitern und Abteilungen zusammengearbeitet wird,
- welche Anforderungen an Ausbildung, Erfahrungen und Spezialkenntnisse gestellt werden.

Kurz: Es wird ein Profil entworfen, in das der ideale Kandidat (m/w) passen soll.

Bei jeder Anzeige, die das Interesse des Bewerbers oder der Bewerberin weckt, sollte der Bewerber die für ihn wichtigen Informationen individuell herauszuarbeiten und mit seinem Profil abgleichen („Was will das Unternehmen?", „Was bringe ich dafür mit?").

Im Anschreiben beschreibt der Bewerber oder die Bewerberin dann die aus diesem Vergleich resultierende Schnittmenge. Merke deshalb zum Anschreiben: „Individuell" anstatt „Bausteine"!!! Aus meiner Sicht macht ein Anschreiben, das einfach für mehrere Bewerbungen kopiert wird, keinen Sinn, da der eben vorgestellte Abgleich nicht erfolgt sein dürfte.

Ein weiterer Tipp: Häufig konzentrieren sich Bewerber zu sehr auf das Anforderungsprofil und zu wenig auf die Aufgabe. Das kann zu falschen Vorstellungen führen, die anschließend zu einer Absage führen können, da man dem jeweiligen Bewerber (m/w) nicht zutraut, die eigentliche Aufgabe bewältigen zu können. Deshalb bitte unbedingt im Detail die Aufgaben(n) durchgehen.

1. Aufgabenbeschreibung (aus Sicht des Bewerbers)

   Im ersten Schritt überprüfen Sie bitte die Aufgabenbeschreibungen und analysieren, ob und welche Aufgaben Sie selbst bereits in vergleichbarer Form in Ihrem jetzigen oder bisherigen Aufgabengebiet oder auch in Praktika oder Ausbildung bearbeitet haben. Ehrliche Frage: „Kann ich das schaffen und bin ich auch geeignet, diese Aufgabe(n) zu meistern?"

2. Anforderungen / Qualifikationen (aus Sicht des Bewerbers)

   Im Anschreiben stellen Sie dann bitte Ihre konkrete Bezugnahme auf die in einer Stellenanzeige genannten fachlichen Anforderungen und auf Ihre konkrete Erfahrung zu diesen Anforderungen heraus. Damit erfüllen Sie den Wunsch des Arbeitgebers nach klarem Bezug zu Unternehmen und Position.

Unternehmen unterscheiden bei den Anforderungen in einer Stellenanzeige im Normalfall zwischen sogenannten „Muss"- und „Kann"-Anforderungen.

Sie erkennen die Muss-Kriterien an den folgenden Signalwörtern:

- Voraussetzung sind sehr gute Kenntnisse in...
- Kenntnisse in... sind aufgrund von... unabdingbar
- Ein… setzen wir ebenso voraus wie...
- Wir erwarten…
- Sie verfügen über...

Kann-Kriterien sind Qualifikationen, die – falls fehlend – nicht gleich zur Absage führen. Bewerber sind allerdings im Vorteil, wenn sie einige Kann-Kriterien mit Praxisbeispielen belegen können.

- Idealerweise verfügen Sie über...
- Kenntnisse in... sind wünschenswert, aber nicht Bedingung
- Weitere Kenntnisse in... sind von Vorteil
- …wären vorteilhaft…
- …vorzugsweise…

Ein praktikabler Vorschlag zum Vergleich der Anforderungen mit den eigenen Qualifikationen:

1. Markieren Sie die Muss- und Kann- Kriterien der Anzeige, die Sie erfüllen mit zwei unterschiedlichen Farben.
2. Überlegen Sie sich dann nachweisbare Beispiele, wie Sie die Erfüllung dieser Anforderungen anhand Ihres bisherigen beruflichen Werdegangs belegen können.
3. Zu den wichtigsten Anforderungen (= Muss- Kriterien) wie bspw. Studium, langjährige Berufserfahrung, sehr gute …-

kenntnisse sollten Sie dann in Ihrem Anschreiben Stellung beziehen und konkrete Praxisbeispiele nennen.

Manche Anforderungen werden in Stellenanzeigen aus rechtlichen Gründen (z.B. „AGG“) zwischen den Zeilen versteckt. Zum Beispiel beim Thema Alter: „Wir bieten Ihnen ein junges und kreatives Umfeld“. Hier sollten Sie sich nicht bewerben, wenn Sie älter als … sind (da offenkundig junge Menschen angesprochen werden sollen). Ich selbst arbeite mit derartigen versteckten Anforderungen nicht.

Fazit: Als Bewerber oder Bewerberin sollten Sie Ihre Energie auf solche Bewerbungen konzentrieren, bei denen sie sich mit der Stelle und deren Aufgaben, den Anforderungen und dem Unternehmen identifizieren und dafür konkrete Beispiele aus dem eigenen Werdegang liefern können. Breiter gestreute Bewerbungen dürften sowieso keinen Erfolg versprechen, da der professionelle Personaler oder die professionelle Personalerin Ihre Lücken oder Defizite schon anhand Ihres Anschreibens aufdecken dürfte.

5. E-Mail-Bewerbung versus Online-Bewerbungsformular

Wie bereits weiter oben angedeutet, entspricht eine E-Mail-Bewerbung eigentlich einer klassischen Bewerbung, die jedoch nicht per Post, sondern per E-Mail an das Unternehmen geschickt wird. Von einer Online-Bewerbung spricht man hingegen, wenn man sich direkt auf der Website des Unternehmens über ein dort bereitgestelltes „Formular" bewirbt.

Die Online-Bewerbung auf der Website des Unternehmens ermöglicht dem Personaler/ der Personalerin einen direkten Vergleich aller Bewerber. Zuvor werden Falscheingaben oft schon systembedingt (vor endgültigem Versand) ausgeschlossen. Der Bewerber bzw. die Bewerberin kann im Normalfall fehler- bzw. lückenhafte Datensätze gar nicht an das Unternehmen übergeben.

Die E-Mail-Bewerbung erlaubt dem Bewerber bzw. der Bewerberin ein klein wenig mehr individuelle Freiheiten (insbesondere Fakten, die der Bewerber/ die Bewerberin als wichtig erachtet, die ein Online-Formular aber gar nicht vorsieht, können angeführt werden).

Praxistipp zur Online-Bewerbung: Anlagen wie PDF-Lebenslauf und PDF-Zeugnisse sollten in Ruhe vor Abgabe einer Online-Bewerbung erstellt werden.

6. E-Mail-Bewerbung

6.1. Anschreiben

Zunächst: Der Umfang des Anschreibens darf nicht mehr als 1 DIN-A4-Seite betragen. Nur bei einer Geschäftsführer-/ Vertriebsleiter- Position etc. akzeptiere ich einen Umfang von maximal 1 ½ Seiten.

Das Anschreiben erlaubt Aussagen zu einigen wichtigen Eigenschaften des Bewerbers bzw. der Bewerberin:

- Fähigkeit, sich klar und prägnant auszudrücken,
- Fähigkeit, Sachverhalte interessant darzustellen, ohne „reißerisch" zu wirken,
- Sorgfalt beim Lesen der Ausschreibung/Anzeige und beim Abfassen des Schreibens,

- Konzentration auf Kernpunkte,
- Kenntnisse der Rechtschreibung und Zeichensetzung.

Stelle ich als Personalberater fest, dass ein Kandidat oder eine Kandidatin – immer im Hinblick auf sein/ihr zukünftiges Arbeitsgebiet – die vorgenannten Kriterien bereits im Anschreiben nicht erfüllt, so werde ich keine Einladung zu einem Gespräch aussprechen.

Praxistipp:

Das Anschreiben platzieren Sie am besten nicht direkt in der E-Mail, sondern als Anlage (separate PDF-Datei im E-Mail-Anhang). Zwar ist dieser Vorschlag in der Literatur umstritten (es haben sich zwei Sichtweisen gebildet), jedoch überwiegen in meinen Augen die Vorteile gegenüber einem reinen Anschreiben im E-Mail-Editor. Durch die von mir vorgeschlagene Vorgehensweise geben Sie dem potentiellen Arbeitgeber die Möglichkeit, Ihr Anschreiben komfortabel auszudrucken. Außerdem schaut ein DIN-A4-Anschreiben gefälliger aus. Ferner werden in E-Mail-Texten Umlaute oft nicht korrekt übermittelt.

In der eigentlichen E-Mail weisen Sie dann nur kurz auf die Anlage(n) hin. Ein Formulierungsvorschlag:

> „Sehr geehrte(r) [Ansprechpartner(in)],
>
> im Anhang zu dieser E-Mail finden Sie meine Bewerbungsunterlagen für die Position als [XYZ].
>
> Für Rückfragen stehe ich Ihnen gerne zur Verfügung.
>
> Mit freundlichen Grüßen
>
> [Vorname Name]“
>
> Kontaktdaten nicht vergessen!!!

Eingeleitet wird die E-Mail-Bewerbung mit der Grußformel. Benennen Sie hierbei den konkreten Ansprechpartner: „Sehr geehrte Frau XYZ“. Recherchieren Sie diesen vorab sorgfältig (z.B. auf der Website).

Sprechen Sie Ihren Ansprechpartner immer mit „Sie“ an.

Den Abschluss bilden die Grußformel („Mit freundlichen Grüßen“) sowie die Angabe Ihrer Adress- und Kontaktdaten.

Vermeiden Sie bitte in Ihrer E-Mail Formatierungen (z.B. Fett, Kursiv, Farbig, ...).

Wie bereits weiter oben ausgeführt: In die Betreffzeile der E-Mail-Bewerbung sollte man unbedingt eingeben, auf welche Stelle man sich bewirbt. So kann der Personaler die Bewerbung sofort richtig zuordnen.

Formulieren Sie einen kurzen und präzisen E-Mailbetreff (z.B. „Bewerbung als ... - Ihre Stellenanzeige vom … - Referenz 0815“). Das Wort „Betreff“ bitte weglassen.

Vermeiden Sie Betreffzeilen wie „Meine Bewerbung“, „Bewerbungsunterlagen“ oder „Unser Telefonat“. So aussageschwache Betreffzeilen erzeugen beim Bearbeiter Mehrarbeit. Denn er muss zunächst einen Blick in die Unterlagen werfen, um die Bewerbung einordnen zu können. Das macht keinen guten ersten Eindruck, insbesondere wenn man viele Bewerbungs-E-Mails durcharbeiten muss.

Ein weiteres Beispiel für eine sinnvolle Betreffzeile: „Bewerbung auf Trainee-Stelle – Referenz-Nr. 123456 – Ihre Ausschreibung vom…“

Das eigentliche Anschreiben formulieren Sie bitte in „Word“ (wenn Sie LibreOffice oder OpenOffice verwenden: „Writer“).

Nachdem Sie das Anschreiben fertiggestellt haben, lassen Sie bitte das Schreiben zuerst durch die Rechtschreibprüfung überprüfen. Dazu bei „Word“ das Register „Überprüfen“ anwählen, danach links den Haken „Rechtschreibung und Grammatik“ klicken. Bei „Writer“ klicken Sie bitte auf die Schaltfläche „Rechtschreibprüfung“. Dadurch wird das Dokument überprüft und die Dialogbox Rechtschreibprüfung geöffnet, wenn ein falsch geschriebenes Wort gefunden worden ist.

Nachdem Sie das Schriftstück beendet haben, speichern Sie das Schreiben direkt als PDF ab. Bei „Word“ wählen Sie dazu im Register „Datei“ die Option „Speichern unter“. Hier können Sie den Speicherort auswählen und tippen neben „Dateiname“ den Namen für das Dokument ein.

Im Anschluss öffnen Sie das Klappmenü neben der Option „Dateityp“. Jetzt scrollen Sie bis zum Eintrag „PDF (*.pdf)“ und klicken diesen einmal mit der rechten Maustaste an. Der Dateityp wechselt auf „PDF (*.pdf)“. Sie lassen die Einstellung „Optimieren für“ bitte unbedingt bei „Standard“ (nicht „Minimale Größe wählen“), da der Personaler eventuell das Schreiben ausdrucken möchte. Über den Schaltknopf „Speichern“ legen Sie die Word-Datei dann als PDF-Dokument im zuvor gewählten Ordner ab.

Bei „Writer“ (OpenOffice/ LibreOffice) klicken Sie einfach – nachdem das Dokument in der gewünschten, abgeschlossenen Form vorliegt – auf das PDF-Icon in der Symbolleiste. Geben Sie nun noch einen passenden Dateinamen ein, klicken auf „Speichern“ … et voila: Die Konvertierung von der OpenOffice/ LibreOffice-Datei in ein PDF-Dokument ist vollbracht! Prüfen Sie eventuell durch einen Ausdruck der PDF-Datei, ob das Druckbild gefällig aussieht.

Wählen Sie bitte einen Datei-Namen, bei dem die Unternehmensempfänger genau erkennen, was/wer dahintersteckt, z.B.: „Bewerbungsschreiben Max Mustermann ABC GmbH.pdf“

Nun noch einige „Basics“ zum Anschreiben selbst. Formale Bestandteile des Anschreibens sind:

- Adressdaten mit Name, Anschrift, Festnetz- und Mobilnummer, E-Mail-Adresse,

- Empfängerdaten (wie in der Anzeige) mit Firmierung und Rechtsform,

- Ansprechpartner (falls angegeben und/oder recherchierbar),

- Ort und Datum (Bitte dasselbe Datum wie im Lebenslauf),

- Betreffzeile mit Bezug zu einer Anzeige/ Bewerbung/ Gespräch,

- Textteil,

- Ggf. Unterschrift (dazu später mehr).

Ein Anschreiben sollte – wenn möglich – immer an einen konkreten Ansprechpartner gerichtet sein. Wenn in der Stellenanzeige kein Ansprechpartner genannt wird, so sollten Sie versuchen, diesen auf der Website oder durch einen Anruf im Unternehmen zu recherchieren. Treiben Sie es aber bitte auch nicht zu weit … nur zur allergrößten Not: „Sehr geehrte Damen und Herren …"

Der Hauptteil des Anschreibens besteht aus zehn bis zwölf Sätzen, gegliedert in vier Themenblöcke, in denen Sie erklären und plausibel belegen, warum Sie für die jeweilige Position der richtige Kandidat bzw. die richtige Kandidatin sind und weshalb Sie sich gerade für diese Stelle bewerben.

„Standards" des Anschreibens:

- Anrede,
- Angabe zum Gehalt (wenn gewünscht),
- Starttermin,

- letzter Satz,
- Abschiedsformel.

Praxistipp: Wenn Sie bspw. in der Anzeige lesen: „Ihre aussagekräftigen Bewerbungsunterlagen unter Angabe Ihrer Gehaltsvorstellung und eines eventuellen Eintrittstermins senden Sie bitte an …“ dann müssen Sie auch im Anschreiben darauf eingehen, da es sich um Entscheidungskriterien für das Unternehmen handelt (bitte also im Vorfeld recherchieren, welches Gehalt realistisch ist). Hier sollten Sie wie folgt formulieren:

- „Meine Gehaltsvorstellung liegt bei einem Brutto-Jahreseinkommen von xx.xxx Euro.“
- „Meine Kündigungsfrist bei XYZ beträgt drei Monate zum Quartalsende. Frühester Eintrittstermin wäre somit der 1. xxxx 20xx, jedoch besteht eventuell die Möglichkeit einer Verkürzung nach Absprache/ in

Abstimmung mit meinem derzeitigen Arbeitgeber."

- „Meine Kündigungsfrist beträgt 6 Wochen zum Quartalsende. Da ich mich in einem ungekündigten Arbeitsverhältnis befinde, bitte ich Sie um Vertraulichkeit."
- „Als frühestmöglichen Eintrittstermin kann ich Ihnen den 1. xxxx 20xx nennen."

Nachfolgend noch ein Beispiel für die korrekte Abschlussformel:

- „Auf ein persönliches Gespräch in Ihrem Hause freue ich mich."

Bei Anschreiben, die Sie als PDF-Datei, als E-Mail oder anderweitig elektronisch verschicken, ist natürlich keine eigenhändige Unterschrift zur Vollständigkeit der Bewerbung Pflicht.

Die meisten Bewerber setzen statt einer Unterschrift einfach Ihren Namen in Druckbuchstaben unter die Grußformel.

Falls Bewerber ihre Unterschrift professionell einscannen und einsetzen (können), so ist das chic, jedoch keine Pflicht. Es soll aber Personalchefs geben, denen eine eingescannte Unterschrift positiv auffällt (= „Dieser Bewerber/ Diese Bewerberin hat sich aber Mühe gegeben").

Deshalb nachfolgend eine Anleitung zum Einscannen Ihrer Unterschrift. *Bereits vorab: Da die Einstellungen der Scanner-Software von Scanner zu Scanner variieren, kann an dieser Stelle nur die allgemeine Vorgehensweise beschrieben werden.*

Zunächst unterschreiben Sie bitte mit einem dunkelblauen, mitteldicken Füller auf einem weißen Blatt Papier. Nur zur Not würde ich einen Kugelschreiber verwenden.

Es sollte sich um rein weißes Papier ohne Gelbstich handeln und man sollte auch nicht durch das Papier hindurchsehen können.

Scannen Sie die Unterschrift mit mindestens 300, besser 600 dpi. Dpi ist eine Maßeinheit der Auflösung. Dabei entspricht 1 dpi 1 Bildpunkt pro Zoll (2,45 cm). Einfacher gesagt: Je mehr dpi, desto besser die Auflösung…

Moderne Scanner scannen standardmäßig mit mindestens 300 dpi, bitte überprüfen Sie jedoch die Einstellungen, bevor Sie mit dem eigentlichen Scan beginnen. Sie können dies in dem Softwareprogramm des Scanners tun. Leider ist jede Software individuell, so dass hier kein allgemeiner Hinweis gegeben werden kann, an welcher Stelle in Ihrer Software Sie die Einstellungen vornehmen können.

Nachdem Sie den Scan durchgeführt haben, speichern Sie bitte Ihr Dokument im PNG-Format (Portable-Network-Grafiken). Dies liefert erfahrungsgemäß die qualitativ besten Ergebnisse.

Ihre neue digitale Unterschrift sollte nun als PNG-Datei auf Ihrem Rechner vorliegen. Jetzt entfernen Sie bitte noch überflüssiges Weiß, da Sie ja nicht eine ganze DIN-A4 Seite in Ihr Bewerbungsanschreiben einfügen wollen, sondern nur die Unterschrift. Dies erledigen Sie mit dem Scanprogramm, indem Sie dort den Unterschriftsbereich ausschneiden.

Alternativ können Sie das Zuschneiden auch mit jedem Bildbearbeitungsprogramm, z.B. dem kostenlosen „Paint.Net“, vornehmen. Sie finden Paint.Net bspw. unter

http://www.chip.de/downloads/Paint.NET_13015268.html

zum Download.

Nach dem Zuschneiden speichern Sie die geänderte PNG-Datei erneut ab. Ich empfehle, dafür einen geänderten Dateinamen als für die ursprüngliche Datei zu verwenden, um diese nicht zu überschreiben – falls Sie sie nochmals benötigen sollten.

Im nächsten Schritt öffnen Sie nun das Anschreiben in „Word“. Stellen Sie den Cursor an die Position, an der die Unterschriften-Grafik eingefügt werden soll. Klicken Sie in der Menüleiste auf „Einfügen“, dann auf „Bilder“ (oder „Grafik“), anschließend wählen Sie die Datei mit Ihrer Unterschrift aus und klicken auf „Einfügen". Die Unterschrift sollte nun in Ihrem Word-Dokument erscheinen. Ändern Sie die Größe des eingefügten Bildes, indem Sie einmal auf das Bild klicken und es an den Ecken „ziehen". Möchten Sie die Unterschrift gar verschieben, so wählen Sie bitte die „Layout-Optionen", die rechts neben Ihrem Bild auftauchen sollten. Verwenden Sie bspw. die Einstellung „Hinter den Text" und klicken ein weiteres Mal in die Grafik. Ihr Cursor wird nun zu einem Kreuz mit 4 Pfeilen. Sie können nun das Unterschriften-Bild beliebig nach oben oder unten verschieben, indem Sie die linke Maustaste gedrückt halten.

Wenn Sie nicht Word, sondern OpenOffice oder LibreOffice verwenden, so öffnen Sie zunächst Ihr Anschreiben. Klicken Sie in der Menüleiste von „Writer" auf „Einfügen", dann auf „Bild aus Datei", anschließend wählen Sie die Datei aus, die Ihre Unterschrift beinhaltet und klicken auf „Öffnen". Sie können bei „Writer" auf das eingefügte Bild klicken und es frei hin und her bewegen.

Ich empfehle in allen Textverarbeitungen, die fertige PDF-Datei – d.h. Ihr Anschreiben – einmal probeweise auszudrucken, um zu prüfen, ob die Unterschrift gut lesbar ist oder eventuell hässliche Ränder um die Unterschrift herum verblieben sind.

Nachfolgend möchte ich Ihnen noch einige Hinweise und Tipps für Ihr „perfektes" Anschreiben geben.

Bei Arbeitslosigkeit sollten Sie nicht schreiben: „Ich bin zurzeit arbeitslos und suche einen neuen Job..." Verwenden Sie stattdessen besser den folgenden Einstiegssatz: „Nach... Jahren Erfahrung als... strebe ich nun eine Tätigkeit im... an. Die von Ihnen beschriebenen Aufgaben kenne ich aus meiner Position als... sehr gut. Aus diesem Grunde möchte ich mich Ihnen vorstellen." Alternativ: „In meiner letzten Position habe ich mit den gleichen Aufgabenstellungen wie in der Anzeige gearbeitet. Ich suche nun eine neue berufliche Aufgabe und möchte mich Ihnen daher kurz vorstellen..."

Als Hochschulabsolvent könnten Sie bspw. Ihr Anschreiben wie folgt beginnen: „Nach Abschluss meines Betriebswirtschaftsstudiums im Dezember xxx und ersten studienbegleitenden Erfahrungen als xyz bei der fgh GmbH suche ich jetzt den beruflichen Einstieg im Bereich... Daher möchte ich mich Ihnen kurz vorstellen."

Hat bereits ein Kontakt (Telefonat etc.) stattgefunden, so empfehle ich zum Einstieg: „Für das informative und angenehme Gespräch vom 2. April 20xx möchte ich mich noch einmal bedanken. Wie besprochen erhalten Sie nun auch meine Bewerbungsunterlagen in schriftlicher Form."

Möchten Sie sich verbessern, so formulieren Sie bspw.: „Nach über xxx Jahren Erfahrung als yyy bei einem mittelständischen Automobilzulieferunternehmen strebe ich nun aktiv den Wechsel in eine Aufgabe mit einem größeren Spektrum an. Die von Ihnen skizzierten Aufgaben des qqq sehe ich als einen richtigen beruflichen und auch thematisch sinnvollen Entwicklungsschritt."

Wie bereits weiter oben ausgeführt, sollten Sie im Rahmen der Beschreibung Ihrer Qualifikationen explizit auf die Anforderungen des Unternehmens eingehen und die Schnittmenge hervorheben. Ein Beispiel: „In meiner letzten Position war ich als… für… und auch für die… der XYZ GmbH verantwortlich. Auch die von Ihnen geforderten… gehörten – neben der… – zu meinem Aufgabengebiet. … bildeten sowohl… sowie die… im operativen Geschäft Schwerpunkte meiner Aufgaben."

Nennen Sie insbesondere Leistungsbeispiele und stellen so Ihre Erfahrungen heraus. Werden in der Stellenanzeige konkrete Aufgaben der Position beschrieben, so weisen Sie nach, dass Sie diesen Aufgaben gewachsen sind, indem Sie dies nicht nur behaupten, sondern mit einem oder mehreren konkreten Beispielen belegen. Dazu wählen Sie Beispiele aus, die den geforderten Qualifikationen entsprechen oder diesen zumindest nahekommen: „Als xxx habe ich xxx unter anderem erfolgreich ein xxx eingeführt. Zu meinen Aufgaben gehörten die xxx, xxx, xxx sowie die xxx. Hier arbeitete ich in einer Schnittstellenfunktion mit den xxx, xxx und xxx eng zusammen."

Ein weiteres Beispiel: „Meine fachlichen Kompetenzen liegen besonders in der xxx und im Bereich xxx. Als persönlichen Erfolg darf ich die xxx der xxx nennen." Oder anders: „Zu meinen täglichen Aufgaben zählen die xxx, xxx und xxx sowie xxx, begleitet von xxx. Das anspruchsvollste Projekt, das ich bislang betreute, war xxx."

Nun noch ein Hinweis zur Motivation und den Zielen. An dieser Stelle überlegen Sie bitte nochmals, warum Sie sich für diese Stelle überhaupt bewerben. Fragen Sie sich: Warum finde ich die Stelle und die Anzeige interessant? Entspricht das Aufgabengebiet meinen Vorstellungen? Warum interessiert mich das Unternehmen?

Ein Formulierungsvorschlag von mir: „An der herausfordernden Position in Ihrem Unternehmen reizt mich, neben Assistenzaufgaben auch eigenständig

Aufgabengebiete aus dem Bereich … bearbeiten zu können. Ich sehe darin auch eine Möglichkeit, mich wieder stärker auf das Thema … zu konzentrieren.“

Zum Abschluss noch ein Hinweis, wo Sie im Internet hilfreiche Muster für Ihr Bewerbungsanschreiben finden können. Schauen Sie bitte unter den folgenden Links:

http://www.staufenbiel.de/ratgeber-service/bewerbung/bewerbungsschreiben/anschreiben-muster.html

http://karriere-journal.monster.de/lebenslauf-anschreiben/anschreiben-muster/anschreiben-vorlagen-bewerbung-31021/article.aspx

6.2. Lebenslauf

Der Lebenslauf ist die wichtigste Bewerbungsunterlage für die fachliche Beurteilung eines Kandidaten bzw. einer Kandidatin. Dementsprechend verwende ich als Personalberater recht viel Zeit darauf, um den Lebenslauf sorgfältig zu analysieren. Offen gestanden erstelle ich sogar Soll-/ Ist-Übersichten, in denen ich die einzelnen Anforderungen („Soll") denjenigen Kriterien, die die einzelnen Kandidaten bzw. Kandidatinnen tatsächlich mitbringen („Ist"), gegenüberstelle.

Vorab: Den europäischen Lebenslauf „Europass" ziehen Sie bitte nur dann für eine Bewerbung in Betracht, wenn Sie sich länderübergreifend innerhalb der europäischen Union bewerben möchten. Aktuell gibt es in Deutschland noch zu viele Vorbehalte gegen „Europass".

Ihr Lebenslauf sollte im Normalfall maximal 2 DIN-A4-Seiten umfassen. Der Lebenslauf von Führungskräften mit entsprechendem Werdegang und beruflichen Erfahrungen kann etwas umfangreicher geraten. Gerät Ihr Lebenslauf recht lang, so empfehle ich, besser die eine oder andere etwas „unwichtigere“ Weiterbildung wegzulassen.

Achten Sie bitte darauf, dass der gesamte Lebenslauf eine durchgehende Struktur hat, der das Auge des Lesers leicht folgen kann: Dies erhöht zum einen die Lesbarkeit und macht zum anderen einen professionellen Eindruck. Unübersichtliche und mit erheblichem Leseaufwand verbundene Lebensläufe stellen für die meisten Personaler ein „No-Go“ dar. Die Verwendung bestimmter Vorlagen oder „Templates“ würde ich Ihnen hingegen nicht zwingend vorschreiben. Ich habe schon recht simple Lebensläufe gesehen, die jedoch derartig gut strukturiert waren, dass Sie mir sofort gefallen haben.

Wie sind nun die einzelnen Rubriken „Persönliches“, „Ausbildung“ und „Berufserfahrung“ zu gewichten?

Berufsanfänger sollten diese 3 Rubriken nach dem Prinzip ca. 20 Prozent „Persönliches“ und ca. 80 Prozent „Ausbildung“ aufteilen.

Bewerber mit Berufserfahrung widmen dem „persönlichen Part“ etwa 10 Prozent, der Rubrik „Ausbildung“ ca. 30 Prozent und der „beruflichen Laufbahn“ ca. 60 Prozent.

Im Internet finden Sie unter

http://lebenslauf.monster.de/

etliche hilfreiche (und kostenlose) Muster zum Lebenslauf. Diese Sammlung ist deshalb sehr schön, da in „Young-Professionals“, berufserfahrene Mitarbeiter, 40+, 50+ etc. unterteilt wird…

M(ein) persönlicher Tipp zum Aufbau:

Die traditionelle Methode (war) es, im Lebenslauf die Daten chronologisch zu ordnen und dabei mit den ältesten Daten anzufangen. Ich empfehle Ihnen jedoch, besser die gegenchronologische Gliederung zu verwenden, die mit den aktuellsten Daten zuoberst beginnt. So wird sichergestellt, dass bereits bei einem flüchtigen Lesen des Lebenslaufs die wichtigsten und/oder aktuellsten Ereignisse ins Auge des Betrachters fallen. Diese Form wurde vom US-amerikanischen Personalmarkt übernommen und hat sich inzwischen auch in Deutschland durchgesetzt. Dazu noch ein Ratschlag: Als Bewerber, der in der jüngeren Vergangenheit bspw. durch eine längere Krankheit „aus der Bahn geworfen wurde", sollten Sie diese Phase nicht noch betonen, indem Sie mit den aktuellsten Daten zuoberst beginnen. Hier würde ich mit den ältesten Daten beginnen.

Bedenken Sie bei Erstellung Ihres Lebenslaufes, dass ein guter Personaler bzw. eine gute Personalerin bei den Kandidaten bzw. Kandidatinnen, die interessant erscheinen, grundsätzlich alle Zeitangaben, Positionsbezeichnungen und -inhalte im Lebenslauf mit den dazugehörigen Angaben in den einzelnen Arbeitszeugnissen abgleicht.

Nun zu den einzelnen Gliederungspunkten im Lebenslauf, die da wären:

- Überschrift: Name des Bewerbers oder das Wort "Lebenslauf"
- Bewerbungsfoto (im angloamerikanischen Raum unüblich)
- Persönliche Daten (Name, Anschrift, Telefon, E-Mail-Adresse, Geburtsdatum und -ort)
- Ausbildung (Schule, Ausbildung und Studium)
- Berufserfahrung (Praktika und Jobs)
- Kenntnisse (Computerkenntnisse, Sprachen)
- Hobbys/Engagement
- ggf. eine Auflistung eigener Publikationen, ggf. Auszeichnungen, ggf. Referenzen
- Ort, Datum, Unterschrift

Die einzelnen Punkte können auch umgestellt werden. So würde ich einem Bewerber mit relevanter Berufserfahrung unbedingt raten, den Abschnitt „Berufserfahrung“ vor „Ausbildung“ zu stellen.

An dieser Stelle wollen wir bzgl. Aufbau und Gliederung des Lebenslaufes noch detaillierter einsteigen.

So sollten im ersten Abschnitt die Angaben zur Person und das Kurzprofil wie folgt gemacht werden:

- Persönliche Daten:
    - o Name, Adresse
    - o Telefonnummern (unter denen nur der Bewerber erreichbar ist)
    - o E-Mail-Adresse
    - o Geburtsdatum und -ort
    - o Familienstand

Der Geburtsname wird nicht erwähnt. Auch Namensänderungen durch Scheidung, Adoption usw. nicht.

Geben Sie bitte an, ob Sie ledig, verheiratet, verwitwet oder geschieden sind. Erläuterungen oder Ergänzungen sind nicht nötig.

Wenn Sie Kinder haben, so geben Sie lediglich Alter und Geschlecht an, aber keine Vornamen, z.B.: „Eine Tochter (7 J.) und einen Sohn (3 J.)."

Eltern/Beruf des Ehemanns/der Ehefrau: Diese Angaben sind für eine Bewerbung nicht notwendig.

Tipp: Um es Ihrem Leser leichter zu machen, Ihre Qualifikationen zu erfassen, ist ein stichwortartiges Kurzprofil im Anschluss an Ihre persönlichen Daten sinnvoll. In diesem Kurzprofil stellen Sie vier bis fünf wichtige Kriterien vor, die für die Stelle interessant sind.

- Kurzprofil (optional, am Beispiel IT-Lebenslauf):
    - o Anwendungsberater SAP R/3
    - o Module FI, CO
    - o Zweijährige Erfahrung in Projektleitung
    - o Diplom-Informatiker (FH)

Im zweiten Abschnitt ist dann Ihr beruflicher Werdegang mit Leistungsbeispielen dran.

Nennen Sie dabei die aktuelle Position zuerst, auch bei mehreren Positionen im selben Unternehmen. Bedenken Sie bitte, dass Ihre Leser nicht immer genau wissen, welche Aufgaben, Kompetenzen und Verantwortung sich hinter einer Position verbergen. Deshalb nennen Sie bitte Leistungsbeispiele, erfolgreich abgeschlossene Projekte und Aufgabenschwerpunkte.

- Beruflicher Werdegang:
    - Zeitliche Daten (Monat und Jahr)
    - Unternehmen mit exakten Firmennamen, Rechtsform und Ort
    - Exakte Positionsbezeichnung
    - Leistungsbeispiele/ Hauptaufgaben/ Schwerpunkte/ Projekte

Tipp: Auch individuelle Besonderheiten wie Elternzeiten, Zeiten der Arbeitssuche, Auszeiten sollten in diesem Bereich eingebaut werden.

Der dritte Abschnitt umfasst dann Ausbildung, Studium und Praktika.

Wie auch schon beim beruflichen Werdegang, nennen Sie die letzten („aktuellsten") Stationen Ihrer Ausbildung zuerst. Die Erwähnung von Praktika macht dann Sinn, wenn sie einen Bezug zur aktuellen Stelle haben, oder erklärungsbedürftige Lücken im Lebenslauf schließen.

- Studium (Optional)
  - Zeitliche Daten (Monat und Jahr)
  - Name der Hochschule, Ort, ggf. Institutsbezeichnung
  - Thema der Abschlussarbeit
  - Studienfach mit genauer Bezeichnung der Fachrichtung
  - Studienschwerpunkte
  - Abschlussbezeichnung, zum Beispiel: Dipl.-Ing. (FH)
  - Thema von Diplomarbeit, Bachelor oder Master Thesis
  - gegebenenfalls Auslandssemester

- Praktika (Optional)
    - Zeitliche Daten (Monat und Jahr)
    - Unternehmen mit exakten Firmennamen, Rechtsform und Ort
    - Hauptaufgaben/ Schwerpunkte/ gegebenenfalls Projekte
- Ausbildung und/oder Schule
    - Zeitliche Daten (Monat und Jahr)
    - Exakter Name des Ausbildungsbetriebs, Rechtsform, Ort
    - Ausbildungsberuf, Schwerpunkte
    - Abschlussbezeichnung
    - Zeitliche Daten (Monat und Jahr)
    - Exakter Name der weiterführenden Schule, Ort
    - Abschluss (zum Beispiel Allgemeine Hochschulreife, Fachhochschulreife)

Tipp: Die Angabe der Grundschule ist nur für Auszubildende notwendig.

Ein weiterer Hinweis betrifft eine Vorgehensweise, die ich bereits mehrmals bemerkt habe: Studien- oder Ausbildungsabschlüsse werden vorgetäuscht, obwohl sie tatsächlich gar nicht erreicht worden sind. So wird formuliert: „Studium der Betriebswirtschaftslehre an der… von… bis…“ Auf den nicht erzielten Abschluss wird jedoch nicht hingewiesen/eingegangen. Diese Handhabung ist deshalb problematisch, da sich dadurch mancher Personaler „hinters Licht geführt fühlt“. Der gute Personaler bzw. die gute Personalerin wird in einem derartigen Fall sowieso das Abschlusszeugnis anfordern, so dass spätestens dann der Schwindel auffliegen dürfte.

Abschnitt 4 beinhaltet den Wehr- oder Ersatzdienst:

- Wehrdienst/ Zivildienst/ Freiwilliges Soziales Jahr (Optional)
    - o Zeitliche Daten (Monat und Jahr)
    - o Institution/ Einheit, Ort und Einsatzbereich

Weiterbildungen und Auslandsaufenthalte werden dann in Abschnitt 5 angegeben:

- Fortbildungen/ Zusatzausbildungen
  - Zeitliche Daten (Monat und Jahr)
  - Exakter Name des Bildungsträgers/ Interne Maßnahmen, Ort
  - Art der Fortbildungsmaßnahme
  - Gegebenenfalls Abschlussbezeichnung

Tipp: Geben Sie vor allem Weiterbildungen neueren Datums an.

- Auslandsaufenthalte (Optional)
  - Zeitliche Daten (Monat und Jahr)
  - Zum Beispiel Work & Travel, Au Pair-Aufenthalte, Sprachreisen

Tipp: Auslandssemester können Sie unter Abschnitt 3 "Studium" einfügen.

In Abschnitt 6 geben Sie Ihre weiteren Kenntnisse und Aktivitäten an:

- Weitere Qualifikationen, Kenntnisse und Aktivitäten

- Fremdsprachen mit Angabe der Sprache und des Kenntnisstandes (verhandlungssicher, gut, befriedigend, Grundkenntnisse)
- IT mit Angabe des Programms und des jeweiligen Kenntnisstands
- Angabe des Führerscheins (bei Positionen, bei denen relevant = Außendienst)
- Ehrenamtliches Engagement unter Angabe von Monat und Jahr
- Evtl. Institution, Ort und Art des Engagements

Da heutzutage bei etlichen Positionen explizit Sprachkenntnisse gefordert werden, sollten diese auch unbedingt angegeben werden. Einzelne Bewerber gehen in ihrer Bewerbung mit keinem Wort darauf ein. Hier würde ich als Personalberater zunächst unterstellen, dass diese geforderten Kenntnisse nicht vorhanden sind. Sollten Sie dennoch vorhanden sein, so hat der Bewerber bzw. die Bewerberin offensichtlich die Anzeige/Ausschreibung nicht sorgfältig gelesen. Ersteres ist ein K.O.-Kriterium. Letzteres kann im persönlichen Gespräch geklärt werden.

Ehrenamtliches Engagement sollte nicht länger als zwei Jahre zurückliegen.

Noch ein Hinweis zur eventuellen Angabe von „Interessen, Sport, Hobbies“: Grundsätzlich genügen 1 oder 2 Tätigkeiten. Denken Sie daran, dass Personaler stets Schlüsse ziehen. Bsp.: „Triathlon“ kommt gut an (Ausdauervermögen, Disziplin, positiver Einstieg in Vorstellungsgespräche), „einsame, lange Radtouren“ weniger gut. Sie würden hier vermutlich als wenig kontaktfreudig eingeschätzt. Üben Sie dagegen eine Mannschaftssportart aus, so sagt dies viel über Ihre Teamfähigkeit aus. „Fußball“ könnte jedoch schon wieder negativ eingeschätzt werden, da der Personaler Sie bereits mit einem Kreuzbandriss im Krankenhaus liegen sieht. „Tennis“ ist sowieso eine Sportart für Individualisten. Sie haben hoffentlich an dieser Stelle einen gewissen Hang zur Ironie meinerseits bemerkt…

Abschnitt 7 beinhaltet dann

- Ort, Datum Unterschrift (Letztere Einscannen)

Nachfolgend eine Anleitung zum Einscannen Ihrer Unterschrift. *Bereits vorab: Da die Einstellungen der Scanner-Software von Scanner zu Scanner variieren, kann an dieser Stelle nur die allgemeine Vorgehensweise beschrieben werden.*

Zunächst unterschreiben Sie bitte mit einem dunkelblauen, mitteldicken Füller auf einem weißen Blatt Papier. Nur zur Not würde ich einen Kugelschreiber verwenden.

Es sollte sich um rein weißes Papier ohne Gelbstich handeln und man sollte auch nicht durch das Papier hindurchsehen können.

Scannen Sie die Unterschrift mit mindestens 300, besser 600 dpi. Dpi ist eine Maßeinheit der Auflösung. Dabei entspricht 1 dpi 1 Bildpunkt pro Zoll (2,45 cm). Einfacher gesagt: Je mehr dpi, desto besser die Auflösung…

Moderne Scanner scannen standardmäßig mit mindestens 300 dpi, bitte überprüfen Sie jedoch die Einstellungen, bevor Sie mit dem eigentlichen Scan beginnen. Sie können dies in dem Softwareprogramm des Scanners tun. Leider ist jede Software individuell, so dass hier kein Hinweis gegeben werden kann, an welcher Stelle Sie in Ihrer Software die Einstellungen vornehmen können.

Nachdem Sie den Scan durchgeführt haben, speichern Sie bitte Ihr Dokument im PNG-Format (Portable-Network-Grafiken). Dies liefert erfahrungsgemäß die qualitativ besten Ergebnisse.

Ihre neue digitale Unterschrift sollte nun als PNG-Datei auf Ihrem Rechner vorliegen. Jetzt entfernen Sie bitte noch überflüssiges Weiß, da Sie ja nicht eine ganze DIN-A4 Seite in Ihren Lebenslauf einfügen wollen, sondern nur die Unterschrift. Dies erledigen Sie mit dem Scanprogramm, indem Sie dort den Unterschriftsbereich ausschneiden.

Alternativ können Sie das Zuschneiden auch mit jedem Bildbearbeitungsprogramm, z.B. dem kostenlosen „Paint.Net“, vornehmen. Sie finden Paint.Net bspw. unter

http://www.chip.de/downloads/Paint.NET_13015268.html

zum Download.

Nach dem Zuschneiden speichern Sie die geänderte PNG-Datei erneut ab. Ich empfehle, dafür einen geänderten Dateinamen als für die ursprüngliche Datei zu verwenden, um diese nicht zu überschreiben – falls Sie sie nochmals benötigen sollten.

Im nächsten Schritt öffnen Sie nun den Lebenslauf in „Word“. Stellen Sie den Cursor an die Position, an der die Unterschriften-Grafik eingefügt werden soll. Klicken Sie in der Menüleiste auf „Einfügen“, dann auf „Bilder“ (oder „Grafik“), anschließend wählen Sie die Datei mit Ihrer Unterschrift aus und klicken auf „Einfügen“. Die Unterschrift sollte nun in Ihrem Word-Dokument erscheinen. Ändern Sie die Größe des eingefügten Bildes, indem Sie einmal auf das Bild klicken und es an den Ecken „ziehen“.

Möchten Sie die Unterschrift gar verschieben, so wählen Sie bitte die „Layout-Optionen“, die rechts neben Ihrem Bild auftauchen sollten. Verwenden Sie bspw. die Einstellung „Hinter den Text“ und klicken ein weiteres Mal in die Grafik. Ihr Cursor wird nun zu einem Kreuz mit 4 Pfeilen. Sie können nun das Unterschriften-Bild beliebig nach oben oder unten verschieben, indem Sie die linke Maustaste gedrückt halten.

Wenn Sie nicht Word, sondern OpenOffice oder LibreOffice verwenden, so öffnen Sie zunächst Ihren Lebenslauf. Klicken Sie in der Menüleiste von „Writer“ auf „Einfügen“, dann auf „Bild aus Datei“, anschließend wählen Sie die Datei aus, die Ihre Unterschrift beinhaltet und klicken auf „Öffnen“. Sie können bei „Writer“ auf das eingefügte Bild klicken und es frei hin und her bewegen.

Noch einige Worte zur Notwendigkeit oder Nicht-Notwendigkeit der „eingescannten“ Unterschrift…

Bei den meisten mittelständischen Unternehmen ist es kein K.O.-Kriterium, wenn der Online-Lebenslauf nicht mit einer eingescannten Unterschrift signiert ist, aber nachfolgend die Aussage einer Personalleiterin:

„Eine fehlende Unterschrift auf dem digitalen Lebenslauf wird für qualifizierte Bewerber mit einer ordentlich gestalteten Bewerbung niemals ein K.O.-Kriterium sein. Ich empfehle die digitale Unterschrift dennoch, denn der Bewerber zeigt seinem potentiellen Arbeitgeber, dass er Mühen auf sich genommen hat und technisch sehr sorgfältig arbeitet, zudem… sticht er aus der Masse heraus."

Kommen wir nun zum Thema „Lücken im Lebenslauf". Personaler sehen derartige Lücken nicht sonderlich gerne. Sie vermuten, dass sich dahinter „Problemfälle" verbergen könnten. Weist Ihr Lebenslauf Lücken auf, so könnte man bspw. nach der Rubrik mit den persönlichen Daten ein "Kurzprofil" Ihrer Person mit den Schwerpunkten Ihrer Ausbildung und

Berufserfahrung einfügen. Die Fehlzeiten im eigenen Lebenslauf mit Mogeleien oder Lügen zu füllen, ist keine adäquate Lösung, da der Schwindel meist früher oder später aufgedeckt wird. Versuchen Sie stattdessen, fehlende Zeitabschnitte positiv zu erklären. Beispiele: Vermeiden Sie das Wort „arbeitslos", schreiben Sie lieber „arbeitssuchend“ oder „berufliche Neuorientierung“. War die Zeit ohne Beschäftigung länger, so könnte es sinnvoll sein zu erläutern, dass Sie die Zeit genutzt haben, um beispielsweise Fremdsprachen- oder PC-Kenntnisse zu vertiefen. Haben Sie z.B. einige Monate das elterliche Geschäft geführt, weil Ihre Eltern krank waren, dann kommt dies durchaus positiv an, denn eine solche Tätigkeit erfordert Organisationstalent, Eigeninitiative und ggf. Führungskompetenz. Auch ein längerer Auslandsaufenthalt wird positiv gewertet, denn er erweitert den Erfahrungshorizont. Dies gilt auch für die Angabe von Eltern- oder Pflegezeiten im Familienkreis. Gerade Pflegezeiten sollten keinesfalls unterschätzt werden! Abschließend: Heutzutage werden „Zeiten der

Neuorientierung" nicht mehr argwöhnisch betrachtet, sondern auch als wertvolle Erfahrung eingestuft.

Sollten im Lebenslauf persönliche Eigenschaften (z.B. Soft Skills) aufgeführt werden? Aus meiner Sicht können Sie durchaus ein wenig mit Ihren sog. Soft Skills werben, jedoch nicht in einer separaten Rubrik, in der Sie diese „lieblos" aufzählen und einfach stehen lassen. Sie sollten sich vielmehr fragen, was für die Stelle, auf die Sie sich bewerben, wirklich wichtig ist! Ein auf die Wunschstelle zugeschnittener Lebenslauf zeigt nämlich, dass ein Bewerber oder eine Bewerberin besonderes Interesse an der ausgeschriebenen Stelle hat.

Nun noch ein Ratschlag zu Zusatzqualifikationen und Fortbildungsmaßnahmen. Haben Sie sich mehrere Zusatzqualifikationen erworben und an zahlreichen Weiterbildungsmaßnahmen teilgenommen, so sollten Sie eine gezielte Auswahl treffen. Gehen Sie dabei nach Wichtigkeit vor. Nennen Sie insbesondere die IHK-Fortbildungen, die eine hohe Wertigkeit besitzen. Haben Sie viele Fortbildungen absolviert, so treffen Sie bitte dergestalt eine Auswahl, dass Sie die Punkte nennen, die für Ihren potentiellen künftigen Arbeitgeber bzw. Ihre künftige Position relevant sind. Noch ein Tipp zu Fortbildungen: Ich rate Arbeitnehmern immer an, mindestens eine Fortbildung pro Jahr zu absolvieren. Denken Sie daran, dass Sie im Wettbewerb mit anderen Arbeitnehmern stehen!

Was tun, wenn die Verweildauer in einem oder mehreren Unternehmen lediglich kurz war? Hierzu mein Tipp: Ist dies auf äußere Umstände zurückzuführen, so können Sie die sachlichen Gründe nennen/anführen, zum Beispiel: „Beendigung des Arbeitsverhältnisses wegen Insolvenz des Unternehmens“, alternativ: „Beendigung… wegen Umstrukturierungsmaßnahmen nach Fusion mit xxx.“ Gerade in den letzten Jahren ist eine vereinzelte, kurzzeitige Arbeitslosigkeit nicht grundsätzlich negativ zu beurteilen. Insbesondere größere Unternehmen vergeben neuerdings immer wieder projektorientierte Aufgaben. Ist hingegen überhaupt kein roter Faden erkennbar, so halte ich dies für außerordentlich problematisch, denn die mangelnde Gradlinigkeit in einem Lebenslauf wird von Personalern in der Regel mindestens als fehlende Konsequenz (bzw. mangelndes Durchhaltevermögen) und häufig auch als schlechte Lebens- oder Berufsplanung gewertet. Wer alle paar Jahre zum Beispiel nicht nur die Firma wechselt, sondern auch jedes Mal einen völlig neuen Aufgabenbereich "ausprobiert", weiß offensichtlich nicht richtig, was er/sie will. Also: Kommen kurze Verweilzeiten in verschiedenen Unternehmen kumuliert vor, so gehen Personaler oftmals davon aus, dass die Probleme einzig und allein bei dem Bewerber bzw. der Bewerberin liegen dürften. Deshalb ist es wichtig, dass sich Bewerber entsprechend positionieren und ein klares Ziel für ihr Berufsleben festlegen.

Noch ein weiterer Ratschlag bzw. eine persönliche Empfehlung von meiner Seite: Bewerber sollten im Lebenslauf immer ihre Wechselmotivation angeben – und zwar für jede Position einzeln (natürlich nur dann, wenn die Wechselmotivation plausibel ist/war). So heben Sie sich von anderen Lebensläufen ab. Einige Beispiele:

- Angebot der xyz GmbH zur Übernahme einer ersten Führungsposition.
- Wohnsitzwechsel, Rückkehr in die Heimatregion.
- Angebot von der xyz GmbH zu besseren Konditionen.
- Umstrukturierung im Zuge der Übernahme von abc durch den Wettbewerber xyz.
- Schließung der Niederlassung/des Standortes...
- Beendigung des Arbeitsverhältnisses wegen Insolvenz des Unternehmens.
- Beendigung… wegen Umstrukturierungsmaßnahmen nach Fusion mit xxx.

Nach diesen fachlichen Hinweisen nun zur „technischen" Seite Ihres Lebenslaufes. Verwenden Sie bitte eine einheitliche, gut lesbare Schrift. Als Schriftarten würde ich auf die „Klassiker“ Arial, Times New Roman oder Helvetica zurückgreifen. Insbesondere exotische Schriften sollten vermieden werden.

Mit „Fettschrift“ und „Kursiven“ sollte sparsam umgegangen werden.

Zum Bewerbungsfoto: Fotos in Passbildgröße sind „out“. Ein bisschen größer darf es heutzutage schon sein. Die Standardgröße für ein Bewerbungsfoto ist 65 mm x 45 mm bei einem Seitenverhältnis von 3:4. Auch das sog. Querformat (4:3) wird akzeptiert und kann einen interessanten Akzent setzen.

Achten Sie bitte auf ein wesentliches Detail – nämlich das Alter Ihres Fotos. Ich selbst habe bereits Vorstellungsgespräche mit Bewerbern und Bewerberinnen geführt, die ganz anders ausschauten als auf ihrem Foto… Also bitte ein aktuelles Foto verwenden.

Bei Bewerbungen für kreative Berufe darf auch das Bewerbungsfoto gerne ein klein wenig kreativ sein. Bei Bewerbungen für

„klassische“ Jobs (z.B. bei einer Bank) verwenden Sie bitte ein klassisches Bewerbungsfoto. Porträts mit überzeichneten Farben sollten vermieden werden, ebenso unter- oder überbelichtete Fotos. Graustufen können seriöser als Farbscans wirken, grelle Farben entschärfen und ergeben kleinere Dateien. Ein grundsätzlicher Hinweis: Ich rate dringend an, Bewerbungsfotos ausschließlich durch professionelle Fotografen anfertigen zu lassen. Bedenken Sie dabei, dass Sie im Wettbewerb mit anderen Bewerbern stehen. In diesem Fall wird Ihnen der Fotograf oder die Fotografin entsprechende Tipps geben. Bereits bei der telefonischen Terminvereinbarung können Sie den Fotografen um Rat fragen, welche Kleidung Sie zum eigentlichen Fototermin mitbringen sollten.

Apropos Fotograf: Bitten Sie Ihren Fotografen, Ihr Foto auf CD zu brennen oder auf einem USB-Stick zu speichern. So entfällt für Sie der (heutzutage überflüssige) Zwischenschritt des „Einscannens“.

Wenn das Foto nun bereits als Bilddatei auf CD etc. vorliegt, dann fügen Sie es in Word wie folgt in Ihren Lebenslauf ein: Stellen Sie den Cursor an die Position, an der die Bilddatei eingefügt werden soll. Klicken Sie in der Menüleiste auf „Einfügen“, dann auf „Bilder“ (oder „Grafik“), anschließend wählen Sie die Bilddatei mit Ihrem Foto aus (bei einer CD wahrscheinlich auf Laufwerk D oder E) und klicken auf „Einfügen“. Ihr Foto sollte nun in Ihrem Word-Dokument erscheinen. Ändern Sie die Größe des eingefügten Bildes, indem Sie einmal auf das Bild klicken und es an den Ecken „ziehen“. Möchten Sie das Foto verschieben, so wählen Sie bitte die „Layout-Optionen“, die rechts neben Ihrem Bild auftauchen sollten. Verwenden Sie bspw. die Einstellung „Hinter den Text“ und klicken ein weiteres Mal in die Grafik. Ihr Cursor wird nun zu einem Kreuz mit 4 Pfeilen. Sie können das Bild nun beliebig nach oben oder unten verschieben, indem Sie die linke Maustaste gedrückt halten.

Wenn Sie nicht Word, sondern OpenOffice oder LibreOffice verwenden, so öffnen Sie zunächst Ihren Lebenslauf. Klicken Sie in der Menüleiste von „Writer“ auf „Einfügen“, dann auf „Bild aus Datei“, anschließend wählen Sie die Datei aus, die Ihr Bild beinhaltet und klicken auf „Öffnen“. Sie können bei „Writer“ auf das eingefügte Bild klicken und es frei hin und her bewegen.

Falls Sie vom Fotografen keine Datei erhalten haben, so scannen Sie in einem ersten Schritt Ihr Bild mit 300 dpi ein und speichern es als JPEG-Datei ab. Dadurch erzielen Sie gute Ergebnisse bei einer akzeptablen Dateigröße. PNG- oder BMP-Dateien werden oft zu groß.

Im Detail sollten Sie zunächst das Vorlagenglas Ihres Scanners reinigen und Ihr Foto gerade! auf dem Scanner positionieren. Viele der heutzutage gängigen Scanprogramme bieten einen einfachen sowie einen erweiterten Scanmodus. Im einfachen Scanmodus müssen Sie keinerlei manuelle Einstellungen der Scanauflösung vornehmen. Entsprechende Auswahlmodi wie beispielsweise „Dokument“, „Foto“ etc.

können Sie in Ihrer Scansoftware wählen. Allgemeine Ratschläge kann ich an dieser Stelle nicht geben, da nahezu jeder Scanner-Hersteller unterschiedliche Software einsetzt. Sofern Sie vorhaben, die Größe Ihres Dokuments nach dem Scan zu verändern, sollten Sie vorher auf den erweiterten Scanmodus ausweichen. Im erweiterten Modus legen Sie die Scanauflösung selbst fest. Soll das Dokument im Vergleich zur Vorlage identisch groß oder kleiner sein, so sind Sie mit einem dpi-Wert von 600 bis 1200 dpi auf der sicheren Seite. Für gewöhnlich wird Ihr Scanner die Bilddatei im RGB-Farbraum abspeichern. Evtl. sollten Sie diese Einstellung ändern und Ihre Dokumente als CMYK-Datei abspeichern (erstklassiger Druck -> 24 Bit Farbmodus als CMYK-Datei). Speichern Sie Ihr eingescanntes Bewerbungsfoto im JPEG-Format (wg. der Dateigröße) ab. Nur zur größten Not weichen Sie auf das TIFF- bzw. TIF-Format aus.

Grundsätzlich können Sie Ihren Lebenslauf auch nach Jahren noch wiederverwenden. Wenn Sie auf einen „alten" Lebenslauf zurückgreifen, sollten Sie ihn aktualisieren und die letzten beruflichen Stationen nachtragen. Dabei kann – insbesondere berufserfahrenen Bewerbern – der Lebenslauf über die Jahre immer länger geraten. In einem solchen Fall tut „Ausmisten“ gut. Nicht alles ist in Ihrer aktuellen Situation noch relevant. Selbstverständlich muss ein Lebenslauf lückenlos sein. Die Grunddaten sind deshalb zwingend im Lebenslauf zu behalten. Überlegen Sie aber, welche Erfahrungen, Projekte und Erfolge überhaupt noch wichtig und für die angestrebte Stelle relevant sind. Dem Praktikum, das jemand vor zwei Jahrzehnten während des Studiums in einer Werbeagentur gemacht hat, gebührt – wenn überhaupt – allenfalls noch ein kurzer Hinweis.

Nachdem Sie den Lebenslauf fertiggestellt haben, lassen Sie ihn bitte zuerst durch die Rechtschreibprüfung überprüfen. Dazu bei „Word“ das Register „Überprüfen“ anwählen, danach links den Haken „Rechtschreibung und Grammatik“ klicken. Bei „Writer“ klicken Sie bitte auf die Schaltfläche „Rechtschreibprüfung“.

Dadurch wird das Dokument überprüft und die Dialogbox Rechtschreibprüfung geöffnet, wenn ein falsch geschriebenes Wort gefunden worden ist.

Nachdem Sie das Schriftstück beendet haben, speichern Sie den Lebenslauf direkt als PDF ab. Bei „Word“ wählen Sie dazu im Register „Datei“ die Option „Speichern unter“. Hier können Sie den Speicherort auswählen und tippen neben „Dateiname“ den Namen für das Dokument ein.

Im Anschluss öffnen Sie das Klappmenü neben der Option „Dateityp“. Jetzt scrollen Sie bis zum Eintrag „PDF (*.pdf)“ und klicken diesen einmal mit der rechten Maustaste an. Der Dateityp wechselt auf „PDF (*.pdf)“. Sie lassen die Einstellung „Optimieren für“ bitte unbedingt bei „Standard“ (nicht „Minimale Größe wählen“), da der Personaler den Lebenslauf eventuell ausdrucken möchte. Über den Schaltknopf „Speichern“ legen Sie die Word-Datei dann als PDF-Dokument im zuvor gewählten Ordner ab.

Bei „Writer“ (OpenOffice/LibreOffice) klicken Sie einfach – nachdem das Dokument in der gewünschten, abgeschlossenen Form vorliegt – auf das PDF-Icon in der Symbolleiste. Geben Sie nun noch einen passenden Dateinamen ein, klicken auf „Speichern“ … et voila: Die Konvertierung von der OpenOffice/ LibreOffice-Datei in ein PDF-Dokument ist vollbracht!

Wählen Sie bitte einen Datei-Namen, bei dem die Unternehmensempfänger genau erkennen, was/wer dahintersteckt, z.B.: „Lebenslauf Max Mustermann ABC GmbH.pdf“

Abschließend empfehle ich in allen Textverarbeitungen, die fertige PDF-Datei – d.h. Ihren Lebenslauf – einmal probeweise auszudrucken, um zu prüfen, ob alles gut lesbar ist und auch das Foto im ausgedruckten Zustand gut zur Geltung kommt.

6.3. Arbeitszeugnisse

Arbeitszeugnisse geben dem erfahrenen Personaler bzw. der erfahrenen Personalerin Hinweise, die bei der Bewertung der Bewerbungsunterlagen berücksichtigt werden. Allerdings ist zu bedenken, dass viele Zeugnisschreiber – gerade in kleineren Unternehmen und Handwerksbetrieben – wenig Übung darin haben, Arbeitszeugnisse auszustellen. Des Weiteren ist die Arbeitsgerichtsbarkeit in Deutschland recht „arbeitnehmerorientiert" ausgerichtet, so dass viele Arbeitgeber Zeugnisse eher „verklausulieren". Deshalb haben Zeugnisse nach meinen Erfahrungen – auch aus zahlreichen Gesprächen mit Personalverantwortlichen – nur eine begrenzte Aussagekraft.

Kommen wir nun zu den „technischen Fragestellungen":

Vorab: Bei eingescannten Zeugnissen sind schiefe oder unlesbare Seiten oder gar eine falsche Reihenfolge von Seiten „No-Gos".

Achten Sie unbedingt auf eine einwandfreie Qualität.

Farbscans erhöhen die Dateigröße unnötig und können bei verschiedenfarbigen Zeugnissen zu einem unruhigen Gesamtbild des Dokuments führen. Schwarzweiß-Scans weisen oft einen „Fotokopie-Effekt" auf. Ich empfehle deshalb, Grautöne zu bevorzugen.

Fassen Sie bitte alle Zeugnisse in einer PDF-Datei zusammen. Mehrere Zeugnisdateien mit unterschiedlichen Namenskonventionen oder gar Dateiformaten machen keinen guten Eindruck. Auch Zeugnisse, die als Bilddatei gespeichert werden, sollten vermieden werden.

Eine gute Freeware zum Einscannen und gleichzeitigen Umwandeln ins PDF-Format (auch gleich mehrerer Seiten) ist „WinScan2PDF". Mit „WinScan2PDF" erstellen Sie im Normalfall je Zeugnis eine PDF, die Sie hinterher mit der Software „PDF Binder" zusammenfügen können. Übrigens: Sie können mit „WinScan2PDF" auch gleich mehrere Zeugnisse in eine PDF-

Datei einfügen und sich so den Schritt des Zusammenfügens sparen. Stellen Sie dabei das neueste Zeugnis auf die erste/oberste Seite der PDF.

Die Benutzeroberfläche von „WinScan2PDF“ ist – nennen wir es – überschaubar gehalten. Streng genommen gibt es nur die Möglichkeit, eine „Quelle auszuwählen“ (Ihren Scanner, sollte nach der Installation von „WinScan2PDF“ automatisch voreingestellt sein), „mehrere Seiten“ (oder nur eine) auszuwählen, einen „Scan“ zu starten oder abzubrechen.

Haben Sie „Scan“ gewählt, so können Sie im nächsten Fenster weitere Einstellungen vornehmen. Wie gesagt empfehle ich hier die Voreinstellung „Graustufenbild“ (zweite von oben). Das einzelne Zeugnis sollte in diesem Fall eine noch akzeptable Größe von rund 400 KB erhalten, was ein guter Kompromiss zwischen Größe und Lesbarkeit des Ausdrucks darstellt. Vor dem Scan gehen Sie bitte auf „Vorschau“ und ziehen unbedingt alle 4 Ecken der Vorlage ganz nach außen. Danach „Scannen“ drücken, im folgenden Fenster einen Dateinamen eingeben und das Abspeichern nicht vergessen…

Nachdem Sie Ihre Zeugnisse eingescannt haben, sollten Ihnen im Normalfall mehrere PDF-Dateien vorliegen (es sei denn, Sie haben bereits die Funktion „mehrere Seiten scannen" verwendet). Bitte hängen Sie nun diese Zeugnis-Dateien nicht einzeln an Ihre E-Mail an, sondern fügen Sie die Dateien vorher zu einer einzigen Zeugnisdatei zusammen. Starten Sie dazu die kostenlose Software „PDF-Binder". Auch der „PDF-Binder" ist ein recht überschaubares und simples Werkzeug. Klicken Sie auf „Add Files", um eine einzelne Zeugnis-Datei aufzurufen. Wiederholen Sie dies für alle Zeugnisse. Mit den Pfeilen können Sie – falls erforderlich – die Reihenfolge der Zeugnisse ändern. Die oberste PDF-Datei ist auch im Ausdruck an oberste Stelle. Abschließend klicken Sie bitte auf „Bind", um als Ziel eine einzelne PDF-Datei zu generieren. Beim Abspeichern denken Sie bitte an die o.g. sinnvolle Benennung der Datei (z.B. Arbeitszeugnisse Max Mustermann).

Insbesondere wenn viele Zeugnisse einzuscannen waren, kann die finale PDF-Datei recht groß sein. Bedenken Sie, dass die meisten Unternehmen nur eine Dateigröße von maximal 5 MB entgegennehmen.

In einem solchen Fall (und bitte nur dann) kommt noch der „PDFCreator" – der virtuelle Drucker – zum Einsatz, um eine derartige Datei zu verkleinern. Öffnen Sie bitte zunächst die PDF-Datei, die verkleinert/komprimiert werden soll. Gehen Sie dann auf „Datei", danach „Drucken" und wählen Sie nun als Drucker den „PDF Creator" aus. Bei „Größe" achten Sie bitte darauf, dass die „tatsächliche Größe" beibehalten und nicht etwa das Zeugnis in der Größe „angepasst" wird. Setzen Sie bitte einen Haken vor „In Graustufen (schwarzweiß) drucken". Klicken Sie im Anschluss auf „Drucken". Im sich öffnenden Fenster wählen Sie unter Profil „High Compression (Small Files)", „Speichern" und geben der Datei einen aussagekräftigen Namen, z.B. „Lebenslauf Max Mustermann". *Bereits mit den Standardeinstellungen unter „High Compression (Small Files)" sollte eine deutliche*

Komprimierung der Datei zu erreichen sein. Falls diese nicht ausreicht, klicken Sie bitte auf das PDF-Creator-Icon, anschließend auf „Profileinstellungen“, links Button „PDF“ und oben Register „Kompression“. Dort können Sie dann an der Komprimierung des „High Compression“-Profils „herumbasteln“.

Zum Abschluss: Nachdem Sie die finale PDF-Zeugnisdatei erstellt haben, drucken Sie diese Datei bitte einmal komplett aus: Ist alles lesbar? Wie ist das Druckbild? Haben die Zeugniskopien innerhalb der PDF-Datei die gleiche Größe? Der Personaler wird die Datei von einem interessanten Kandidaten vermutlich auch ausdrucken. Was am Bildschirm noch gut lesbar war, kann auf Papier „verpixelt“ sein. Wenn Sie bei „WinScan2PDF“ in den Einstellungen 300dpi ausgewählt haben, sollte jedoch alles gut lesbar sein.

Eine Anmerkung: Fordert ein Unternehmen sehr kleine Dateien, so sind diese für Ausdrucke nicht mehr verwendbar. Vermutlich wollen die Personaler die Zeugnisse zunächst nur am Bildschirm lesen. Eine solche Datei sollte nur dann verschickt werden, wenn das Unternehmen explizit kleine Dateien wünscht.

Wenn nun jemand auf die abstruse Idee gekommen sein sollte, einfach ein eher schlechtes Zeugnis unter Verwendung eines digitalen Bildbearbeitungsprogramms zu „tunen“, d.h. „einzuscannen“ und am PC durch Umformulierungen zu „manipulieren“, so rate ich Ihnen dringend davon ab. Gefälschte Zeugnisse sind das „No-Go“ schlechthin! Auch lasse ich mir gelegentlich zum ersten persönlichen Gespräch die Originalzeugnisse oder beglaubigte Kopien vorlegen.

Abschließend noch einige Hinweise inhaltlicher Art:

- Fügen Sie bitte nicht nur die Urkunde Ihres erfolgreichen Studienabschlusses (Bachelor-Urkunde, Diplom-Urkunde etc.) bei, sondern auch das Zeugnis, aus dem sich die in den einzelnen Fächern erzielten Noten ergeben. Ansonsten würde ich als Personaler unterstellen, dass es sich eher um ein schlechtes Zeugnis handelt.

- Weisen Sie alle Stationen Ihres Lebenslaufes durch Arbeitszeugnisse nach. Fehlende Zeugnisse (oder die Vorlage von Zwischenzeugnissen nach Beschäftigungsende) deuten darauf hin, dass etwas „verschleiert“ werden soll (z.B. arbeitgeberseitige Kündigung, exaktes Austrittsdatum etc.)

- Verfassen Sie keine Kurzbewerbungen! Ausnahme: Letztere werden ausdrücklich angefordert. Wer für seine eigene berufliche Zukunft nicht genügend Zeit aufbringen kann, um zumindest seine Bewerbungsunterlagen adäquat zusammenzustellen, nimmt die Bewerbung im Regelfall nicht wirklich ernst.

- Die Arbeitsleistung wird mit den inzwischen bekannten „Klauseln“ bewertet:
    - „zur Zufriedenheit“: War anwesend und hat sich nichts zuschulden kommen lassen
    - „zur vollen Zufriedenheit“: War anwesend und hat sich bemüht, die Aufgaben zu erledigen
    - „zur vollsten Zufriedenheit“: Hat die Aufgaben im erwarteten Rahmen bearbeitet
    - „stets zu unserer vollsten Zufriedenheit“: Hat die Aufgaben besser bearbeitet als es erwartet werden konnte

In der jüngeren Vergangenheit ist immer häufiger zu beobachten, dass diese „formelartigen“ Formulierungen durch besonders gezielte Bemerkungen positiv verstärkt werden. Hier fließen oftmals sehr persönliche zusätzliche Wertschätzungen in das Zeugnis ein.

- Auch der Schluss eines Zeugnisses kann Hinweise auf die Leistung erbringen. Bedauert der Arbeitgeber das Ausscheiden eines Arbeitnehmers bzw. einer Arbeitnehmerin ausdrücklich und spricht er gute Wünsche für die Zukunft aus, so deutet dies zumeist auf besondere Zufriedenheit hin. Zu bedenken ist dabei insbesondere, dass eine derartige Schlussformulierung im Normalfall nur schwerlich einklagbar sein dürfte. Nach geltender Rechtsprechung besteht nämlich kein Rechtsanspruch darauf. Anders: Der Arbeitgeber hat an dieser Stelle die Möglichkeit, eine nominal sehr gute Leistung wieder zu entwerten.

6.4. Deckblatt

Wahlweise kann den Bewerbungsunterlagen ein persönliches Deckblatt hinzugefügt werden („besondere Note“, „Abheben von anderen Bewerbern“).

Wenn das Deckblatt optisch ansprechend gestaltet ist, kann es beim Betrachter Neugierde und Sympathie wecken.

Der guten Ordnung halber: Das Deckblatt gehört hinter das Anschreiben und ist damit die erste Seite in einer Bewerbungsmappe. Es führt zu dem weiteren Inhalt und bildet einen ansprechenden Rahmen für die folgenden Seiten.

Vorab ein Tipp zum Foto: Positionieren Sie es auf dem Deckblatt so, dass der Bewerber in das Blatt hineinschaut. Wer also nach links schaut, dessen Bild kommt auf die rechte Seite.

Nun zum Inhalt des Deckblatts:

- Aussagekräftiger Titel, wie „Bewerbung als..." oder „Bewerbungsunterlagen"
- Lichtbild: Wenn Sie das Foto unterhalb der Überschrift platzieren, haben Sie als „Nebenwirkung" mehr Platz auf Ihrem Lebenslauf
- Vor- und Zuname
- Vollständige Anschrift
- Kontaktmöglichkeiten (Telefon, Mobil, E-Mail)
- Inhaltsverzeichnis (*Durch das Inhaltsverzeichnis wird dem Leser ermöglicht, einen schnellen Überblick über die Zeugnisunterlagen zu bekommen, ohne sie einzeln durchzugehen. Das Inhaltsverzeichnis sollte aber nur dann angefertigt werden, wenn den Unterlagen mehrere Zeugnisse beigefügt werden. Am Rande: Bewerbungsschreiben und Bewerbungsfoto sind keine Anlagen und werden daher im*

Inhaltsverzeichnis nicht separat aufgeführt.)

Beim Deckblatt können Sie mit Schriftarten, Schriftgrößen und Textanordnungen frei experimentieren. Innerhalb einer Bewerbung sollte jedoch eine Schriftart beibehalten werden.

6.5. Nachbearbeitung: Meta-Daten entfernen

Office-Dokumente, PDFs und andere Dateitypen enthalten in den sogenannten Metadaten Informationen, die auf den ersten Blick nicht sichtbar sind, jedoch vieles verraten können.

So enthalten Office-Dokumente bspw. Informationen zum Autor, letzte Änderungen, die verwendete Software-Version und vieles mehr. Diese Angaben sind auch in PDF-Dateien enthalten, die mit der Export-Funktion von OpenOffice oder Microsoft Office erstellt wurden.

Im Rahmen einer Bewerbung ist es aus meiner Sicht ratsam, diese „überflüssigen“ Informationen zu bearbeiten oder besser ganz zu entfernen. Beim „Anonymisieren“ hilft Ihnen das kostenlose Tool „Becypdf-metaedit“.

Öffnen Sie „Becypdfmetaedit“. Laden Sie dann die zu säubernde PDF-Datei. Auf dem Reiter „Metadaten“ klicken Sie anschließend auf den Button "Alle Felder löschen" und auf dem Reiter „Metadaten XMP“ setzen Sie einen Haken vor „XMP-Metadaten beim Speichern des Dokuments entfernen“. Anschließend speichern Sie das gesäuberte Dokument („Speichern unter“). Denken Sie – wie oben erläutert – an den aussagefähigen Dateinamen.

6.6. Versand

Abschließend noch einige Tipps zum Versand Ihrer Bewerbung.

Natürlich sollte die E-Mail-Bewerbung individuell auf das Unternehmen zugeschnitten sein. Bitte verschicken Sie keine Massen-E-Mails! Fordert ein Unternehmen beispielsweise neben Zeugnissen noch Referenzen oder Arbeitsproben, so sollten Sie diese unbedingt mitschicken.

Vermeiden Sie „Emoticons" wie zum Beispiel ;-) und verzichten Sie auf die sogenannte Surfsprache („MFG" etc.).

Wählen Sie als E-Mail-Format „Rein-Text" bzw. „Nur-Text", da E-Mails im HTML-Format oft nicht richtig dargestellt werden. *Beim kostenlosen E-Mail-Programm „Mozilla Thunderbird" stellen Sie „Nur-Text" beispielsweise unter „Extras", „Konten-Einstellungen" sowie „Verfassen & Adressieren" ein, indem Sie den Haken vor „Nachrichten im HTML-Format verfassen“ entfernen.*

Versenden Sie Ihre Bewerbung nicht an allgemeine E-Mail-Adressen, wie zum Beispiel info@firmenname.de, sondern immer an konkrete Personen. Ausnahme: Die allgemeine E-Mail-Adresse ist explizit in der Stellenanzeige angegeben.

Bewerben Sie sich auf eine Stellenanzeige nur einmal. Entweder auf dem Postweg oder via E-Mail/Onlineformular.

Verwenden Sie ausschließlich Ihre private E-Mail-Adresse. Letztere sollte natürlich nicht aus Phantasie-Namen bestehen. Achten Sie insbesondere auf Seriosität. Ich selbst habe schon eine E-Mail-Bewerbung von einer „JansDream@...“ erhalten. Optimal sind Adressen nach dem Muster Vorname.Nachname@provider.de. Haben Sie noch keine solche E-Mail-Adresse, so empfehle ich Ihnen ein kostenloses E-Mail-Postfach beim kleinen Anbieter „Mail.de“

(https://mail.de/).

Vorteile: Die Kombination aus Ihrem Vor- und Nachnamen dürfte noch „frei" sein. Des Weiteren: Kaum Spam! Seriöse E-Mail-Adresse! Entscheiden Sie sich bei „Mail.de" für die kostenlose Variante „Free-Mail" – es sei denn, Sie möchten mehr Komfort und einen größeren Leistungsumfang haben und dafür monatlich Geld bezahlen.

Praxistipp: Rufen Sie Ihre E-Mails bis ca. drei/vier Wochen nach einem Bewerbungsversand mindestens zweimal täglich ab und lassen Sie Ihr Handy angeschaltet. Bitte laden Sie es auch regelmäßig auf…

7. Online-Bewerbungsformulare

Diese Form der Bewerbung hat sich in den letzten Jahren immer mehr verbreitet und etabliert. So bieten heutzutage die meisten „Jobbörsen" die Möglichkeit, dass man seine Bewerbungsunterlagen in ein sog. Bewerber-Center hochladen kann. Bei einer Bewerbung über dieses Portal kann man dann einfach und schnell auf die gespeicherten Unterlagen zugreifen und dadurch Zeit und Aufwand sparen!

Um den Aufwand im Rahmen des Bewerbungsprozesses zu minimieren, setzen auch immer mehr Unternehmen komplexe Software-Lösungen ein, die die Arbeit erleichtern und den eigentlichen Prozess beschleunigen soll. Bei einem Online-Bewerbungsformular stellen die Unternehmen letztendlich auf ihrer Website Formularfelder bereit, die die Kandidaten ausfüllen müssen…

Im Vergleich zur Bewerbung per E-Mail, die in den vorhergehenden Abschnitten ausführlich erläutert wurde, bietet das Online-

Bewerbungsformular den Unternehmen weitere Vorteile: So geht die Selektion der Bewerber schneller und einfacher, denn das standardisierte Bewerbungsformular macht die Bewerbungen noch vergleichbarer und ermöglicht die software-gestützte Filterung und Selektion der vermeintlich geeignetsten Bewerber. Konzerne haben diese Form der Online-Bewerbung bereits konsequent eingeführt. Aber auch etliche Mittelständler arbeiten inzwischen mit den Online-„Formularen". Nachfolgend ein Beispiel:

http://www.follmann.com/karriere/aktuelle-stellenangebote/bewerbungsformular.html

Dennoch ist das Online Bewerbungsformular bei vielen Stellensuchenden nicht besonders beliebt. Die Bewerber bzw. Bewerberinnen fürchten nämlich, dass sie ihre Qualifikationen nicht optimal darstellen können.

Vorab zum Hauptproblem dieser Bewerbungsform: Bei Online-Bewerbungsformularen werden die Daten von Bewerbern oftmals zu schnell und/oder lückenhaft (gerade im Bereich der beruflichen Stationen des Lebenslaufes) eingegeben. Wenn Bewerber dann Glück haben, suchen die Personaler die fehlenden

Informationen aus den mitgeschickten Dateien/Anhängen heraus (worauf ich mich jedoch nicht verlassen würde). Wenn Bewerber andererseits Pech haben, so ist die Bewerbung bereits hinfällig. Praxistipp: Tippen Sie Ihre Daten vollständig und sorgfältig ein! Bereiten Sie die Anlagen einige Tage vorher „in Ruhe" vor.

Letztendlich geben Online-Bewerbungsformulare der Bewerbung den Rahmen vor. Dies hat bei einigen Unternehmen zu Auswüchsen geführt, die kaum rational erklärbar sind. Beispiel: Einige Unternehmen fordern, dass ein Bewerbungsfoto als separate Datei im Bildformat hochgeladen werden soll.

Tipp: Füllen Sie Textfelder nicht direkt im Browser aus – nutzen Sie lieber eine Textbearbeitung und überprüfen Sie sodann Rechtschreibung und Grammatik. Praxistipp: Keine Rechtschreib- und/oder Grammatikfehler und keine unfertigen Formulierungen! Wahren Sie bitte unbedingt die äußere Form! Speichern Sie den Text dann als .txt-Datei ohne Steuerzeichen und Formatierung und fügen Sie ihn anschließend per „Copy & Paste“ ein, alternativ:

- Strg-Taste und „A“ gemeinsam drücken, um alles zu markieren
- Strg-Taste und „C“ gemeinsam drücken, um alles zu kopieren
- Strg-Taste und „V“ gemeinsam drücken, um alles einzufügen

Bei Bewerbungsformularen haben Sie übrigens keine Wahl: Hier müssen Sie Ihr Anschreiben als eigenständige Datei erstellen.

Des Weiteren dürfen Anhänge (Zeugnisse etc.) meist eine bestimmte Dateigröße nicht überschreiten.

8. Resümee

Nicht wenige potentielle Arbeitgeber nutzen auch die sozialen Netzwerke, um mehr über ihre Bewerber herauszufinden.

Entgegen den oftmals reißerischen Berichten in einschlägigen Medien wird dabei meiner Meinung nach weniger nach „verräterischen Partybildern" gesucht; es interessieren vielmehr Aussagen der Kandidaten, die ihre Einstellung zum bisherigen Arbeitgeber und dessen Werten deutlich machen.

Jeder Bewerber und jede Bewerberin sollte sich darüber im Klaren sein, dass Online-Communities öffentlicher Raum sind und Äußerungen aller Art auch von Personalfachleuten gesehen werden können.

Deshalb: Die genaue Justierung der „Privacy-Settings" in Facebook, Google+ & Co. ist ein Muss.

Mitgliedschaften in professionellen Netzwerken wie XING oder LinkedIn werden von

Personalverantwortlichen positiv beurteilt. Falls Sie als Bewerber auf der Suche sind, füllen Sie bitte Ihr Profil bzw. XING-„Portfolio“ aussagekräftig aus.

Unternehmen und/oder „Headhunter“ nutzen diese Kanäle aktiv, um selbst nach Kandidaten zu suchen – allerdings eher für bestimmte Positionen (Fach- und Führungskräfte, „Spezialisten“).

Beachten bitte unbedingt: Hier veröffentlichte Informationen wie beruflicher Werdegang oder Qualifikationen dürfen nicht von denen abweichen, die Sie bei Ihrer Bewerbung einreichen.

Manche Experten empfehlen, im Rahmen einer E-Mail-Bewerbung bereits in der E-Mail- Signatur (mit allen relevanten Kontaktdaten) auch die Profile in Business-Netzwerken wie XING oder LinkedIn anzugeben.

Ein Wort zum Abschluss: Die Welt, in der sich Bewerber (m/w) und Unternehmen bewegen, hat sich aufgrund des demographischen Wandels verändert und wird sich weiter verändern. Letztendlich werden sich die Unternehmen um qualifizierte Kandidaten bewerben müssen.

Letztere wählen aus einer Vielzahl an hochinteressanten Angeboten aus. Für Sie als Bewerber gilt es, sich zunächst Qualifikationen anzueignen, durch die Sie ein „Alleinstellungsmerkmal“ erlangen. Im zweiten Schritt sollten Sie durch die nahezu „perfekte“ Bewerbung „Werbung“ für Ihre Person machen. In diesem Ratgeber haben Sie etliche Hinweise erhalten, wie Sie eine gelungene Online-Bewerbung erstellen können.

7032176R00061

Printed in Germany
by Amazon Distribution
GmbH, Leipzig